Tillbaka till Newton

Tillbaka till Newton

Everything should be made
as simple as possible,
but not simpler.

Albert Einstein

ex nihilo nihil fit

Jan Slowak

Tillbaka till Newton

Tidigare böcker

1. Bye-Bye Big Bang, Episod/Episode 1
2. Bye-Bye Big Bang, Episod/Episode 2
3. Bye-Bye Big Bang, Episod/Episode 3
4. Redshift factor, Absolute redshift, Galaxies red / blue distribution
5. Sawing of my article about the Big Bang
6. Big Bang - Questions to physicists and cosmologists
7. Einsteins speciella relativitetsteori – matematiska och fysikaliska misstag!

Copyright © Jan Slowak 2017
Förlag och tryck: BoD
ISBN: 978-91-7699-417-7

Tillbaka till Newton

*För
Vetenskap*

Innehåll

1) Källförteckning 7
2) Prolog 9
3) Allt är relativt 12
4) Händelser i koordinatsystem 13
5) Ljus 14
6) Registrering, beräkning och transformation av koordinater 16
7) Analys av tidsdilatation 22
8) Härledning av Lorentztransformationer 1 29
8) Härledning av Lorentztransformationer 2 32
9) Härledning av Lorentztransformationer 3 34
10) Härledning av Lorentztransformationer 4 37
11) Härledning av Lorentztransformationer 5 40
12) Härledning av Lorentztransformationer 6 43
13) Michelson-Morley experiment 48
14) Avslut 53

Källförteckning

[1] Modern Physics; Sixth edition; Paul A. Tipler, Ralph A. Llewellyn; Chapter 1; Relativity I; 2012

[2] University Physics with Modern physics; Thirteen Edition; Young Freedman; Chapter 37; Relativity; 2012

[3] Den speciella och den allmänna relativitetsteorin; Albert Einstein; Första delen; Om den speciella relativitetsteorin; 2006;

[4] Einsteins relativitetsteori – en kritisk analys ...; Ove Tedenstig; 2015;

[5] Den moderna fysikens grunder ...; Krister Renard; Kapitel 2; Speciell relativitetsteori; 1995;

[6] Concepts of Modern Physics; Sixth edition; Arthur Beiser; Chapter 1; Relativity; 2003

[7] Modern Physics; Second edition; Randy Harris; Chapter 2; Special Relativity; 2008

[8] Knowing, The Nature of Physical law, Michael Munowitz, 2005

[9] Illustrerad vetenskap, Nr 16/2014;

[10] Calculus - A Complete Course; Robert A. Adams; Sixth Edition;

[11] Nádherná teorie – Sto let obecné teorie relativity; Pedro G. Ferreira; Tjeckiska

[12] Six Ideas That Shaped Physics; Thomas A. Moore; 2003

[13] Calculating the cosmos; Ian Stewart; 2016
...

Prolog

När jag började forska på riktigt om den speciella relativitetsteorin gick jag grundligt genom de flesta böcker jag hittade på universitets biblioteket. Med grundligt menar jag att jag läste allt som gällde den speciella relativitetsteori. Sedan var det artiklar på nätet. En del av de berättade om att alla forskare är inte överens om denna teori.

Kan man säga forska på riktigt om man har ett jobb som inte har något gemensamt med det man vill forska om? I alla fall, gick all min fritid för detta ändamål. Man kan undra varför man gör så. För mig var det en gammal önskan. Första gången jag fick kontakt med relativitetsteorin var på gymnasiet. Och jag kunde inte acceptera den. Inte tidsdilatationen, inte tvillingsparadoxen, inte längdkontraktionen.

Tiden gick. Jag läste matematik och datavetenskap på universitet. Och sedan dess har jag jobbat som systemutvecklare, programmerare. Det gör jag även nu.

Så varför ska jag forska om den speciella relativitetsteorin? Varför så sent? Jo, jag var alltid överväldigad av vetenskapen. Jag var överväldigad varje gång jag läste om forskare som kom med nya rön och förklarade hur saker och ting fungerar inom olika områden: antropologi, genetik, astronomi, kosmologi. Nej, inte kosmologi, inte universums utvidgning, inte Big Bang, inte mörk materia.

Men varför kunde jag acceptera de flesta nya idéer förutom de inom kosmologin?
Därför att mitt motto var det vi lärde oss i skolan:

ex nihilo nihil fit

Jag började min forskning inom kosmologin och den speciella relativitetsteorin någon gång under 2014. Det var analys av data från databasen NED Redshift-Independent Distances från
http://ned.ipac.caltech.edu/Library/Distances/

Resultatet av denna forskning publicerade jag i min bok *Redshift factor, Absolute redshift, Galaxies red/blue distribution*. Och resultatet var häpnadsväckande, enligt min mening:

Population	zf	Antal obj	Ant röd z	% röd z	Ant blå z	% blå z
NED-D	0,000239	26 790	13 018	48,6	13 772	51,4

Tillbaka till Newton

Vi ser här att fördelningen av objektens rödförskjutning och blåförskjutning är ungefär 50/50! Big Bang teorin säger att **de flesta** kosmiska objekt har rödförskjutning, förutom några i vår närområde som kan ha blåförskjutning. Min forskning visar att det saknas argument för universums utvidgning!

Jag skickade min bok till några forskare. Boken blev sågad! Man skulle kunna säga att resultatet baserades på min egen tolkning av data.

Därför bestämde jag mig att gå till källan av problemet. Big Bang teorin baserades på Einsteins relativitetsteori.

Resultatet av denna forskning publicerade jag i min bok *Einsteins speciella relativitetsteori – matematiska och fysikaliska misstag!*

Men idag kan vem som helst publicera en bok. Frågan är om man får erkännande för sina idéer och sin forskning. Det är en svår uppgift! Det är som att kämpa mot "väderkvarnar"!
Jag skrev några artiklar som baserades på min bok och skickade till några tidskrifter. Skickade fråga till ett antal institutioner om jag skulle kunna presentera min forskning till några forskare. Ni vet svaret!

I denna bok tänker jag sammanfatta min forskning om den speciella relativitetsteorin. Jag kommer att komma med bevis att den speciella relativitetsteori är felaktig i grunden, i sin helhet!

Allt är relativt

När man pratar om relativitet handlar det om hur en observatör **uppfattar** saker och ting med hjälp av den information man får med sina sinnesintryck: känsel, hörsel, syn. Att säga att det är kalt ute kan innebära för en observatör att man darrar av kölden, men en annan observatör skulle säga att det är ganska behagligt ute. Men när vi använder en termometer och mäter temperaturen till -5 grader då är det -5 grader. Det är en fysikalisk mätning. En termometer **uppfattar inte** temperaturen, den **mäter** temperaturen! Vad de två observatörer än säger om hur kalt det är ute så måste de komma överens att det är -5 grader, punkt, slut.

Att uppfatta händelser och att mäta deras koordinater är två olika saker. Därför känns det underligt varje gång jag läser om tankeexperiment med två observatörer där den ena är stillastående på perrongen och den andra sitter på tåget som rör sig med konstant

hastighet gentemot perrongen.
I denna bok kommer jag att beskriva dessa tankeexperiment genom att ange **vad som händer fysikaliskt**, och inte hur någon observatör uppfattar det ena eller det andra. Den speciella relativitetsteorin behandlar bland annat koordinatsystem, samtidighet, händelse, tid, plats, Lorentztransformationer, referenssystem, observatör, tidsdilatation, tankeexperiment och andra begrepp.

Händelser i koordinatsystem

En händelse i *rumtiden* anges med 4 koordinater. Vi betecknar en händelse med bokstaven E (från eng. event). En sådan händelse kan betecknas på följande sätt:

$$E = (x, y, z, t)$$

För att förenkla det hela, betraktar vi endast händelser som äger rum på x-axeln. Då blir $y = 0$, $z = 0$ och då betecknar vi händelsen endast med

$$E = (x, t).$$

I dessa experiment kommer vi att använda *materiella*

Tillbaka till Newton

objekt som kan sända en ljussignal och som kan registrera en inkommande ljussignal. Ett sådant objekt på x-axeln utgör ett koordinatsystem. Vi betecknar dessa med S, S_1, S_2, S' osv. Vi säger att de är **materiella** för att skilja de från *ljussignaler* som är *vågfenomen*. Koordinatsystem vi använder i våra experiment, kan vara stillastående gentemot varandra eller röra sig med konstant hastighet, $v > 0$, gentemot varandra.

Informationen mellan dessa system förmedlas med hjälp av ljussignaler som rör sig med ljusets hastighet c. Vi approximerar c till 300 000 km/s.

Ljus

Ljus och annan elektromagnetisk strålning är ett *vågfenomen* som fortplantas i rum och tid. Ljuset rör sig oberoende av källans eller observatörens rörelser.

Men även riktningen i vilken ljussignalen rör sig är oberoende av källans eller observatörens rörelser.

Det spelar ingen roll om ljuskällan rör sig eller

roterar, i det ögonblick ljussignalen lämnar källan, rör sig signalen med samma hastighet och med samma riktning.

Vi illustrerar hur ljussignalens hastighet och riktning är oberoende av ljuskällans rörelser, se Fig. 1.

Vi betraktar S_1 som sänder en ljussignal varje mikrosekund, samtidigt vrider sig källan S_1, med en bågsekund. Under en mikrosekund avverkar ljussignalen en sträcka på 0,3 km. På ett avstånd av 97 200 km finns det S_2. När S_1 är vänd mot S_2 sänds första ljussignalen. Efter 324 000 mikrosekunder (90x60x60) når denna ljussignal S_2 och S_1 är vänt 90 grader åt vänster/höger. Och det är endast den första signalen som når S_2!

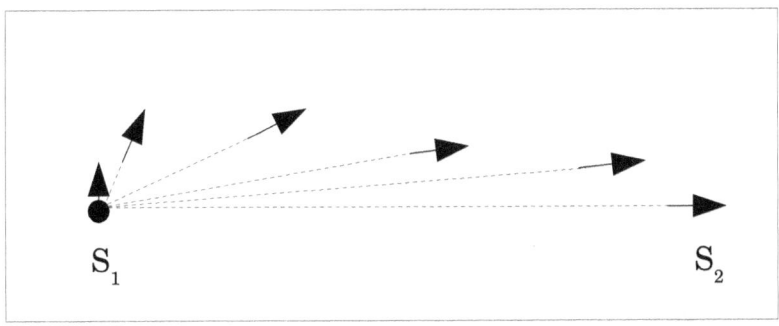

Fig. 1

Tillbaka till Newton

Registrering, beräkning och transformation av koordinater

Den speciella relativitetsteorin behandlar två koordinatsystem som rör sig i förhållande till varandra med konstant hastighet. Den går ut på att beräkna koordinater för en händelse i det ena systemet med hjälp av koordinater från det andra. En sådan beräkning kallas för transformation.

Vi ska titta först på ett koordinatsystem och en händelse, Fig. 2. En händelse E uppstår i koordinatsystemet S_1 vid tidpunkten t. S_1 får informationen om händelsen genom att registrera ljussignalen från den. **En fullständig information om händelsen har vi *bara* om vi känner händelsens x-koordinat.**

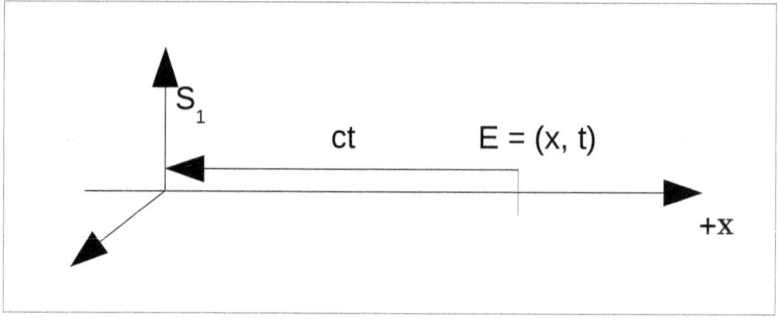

Fig. 2

Tillbaka till Newton

Då blir $t = x/c$, och vi kan beteckna händelsen med

$$E = (x, x/c)$$

Nu tittar vi på **två** koordinatsystem, S_1 och S_2, stillastående gentemot varandra och en händelse E. Se Fig. 3. Avstånd mellan S_1 och S_2 är d.

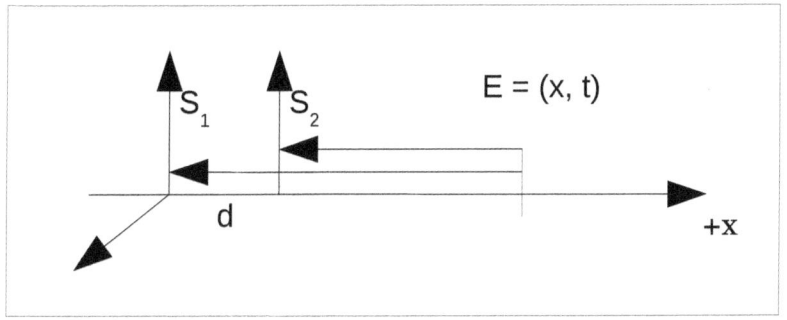

Fig. 3

Hur ser händelsen $E = (x, t)$ registrerad i S_1 och S_2?

$$E_1 = (x_1, t_1) = (x, x/c)$$
$$E_2 = (x_2, t_2) = (x-d, (x-d)/c)$$

Om vi känner **avstånd** mellan S_1 och S_2 kan vi beräkna händelsens koordinater i ett av de med händelsens koordinater från det andra. T ex:

$$x_2 = x_1 - d \text{ och } t_2 = t_1 - d/c$$

Tillbaka till Newton

Hur blir det då när S_2 rör sig åt höger med konstant hastighet $v > 0$? Se Fig. 4.

Experimentet börjar när $t = 0$ och då befinner sig S_1 och S_2 i samma punkt, $x_1 = x_2 = 0$.

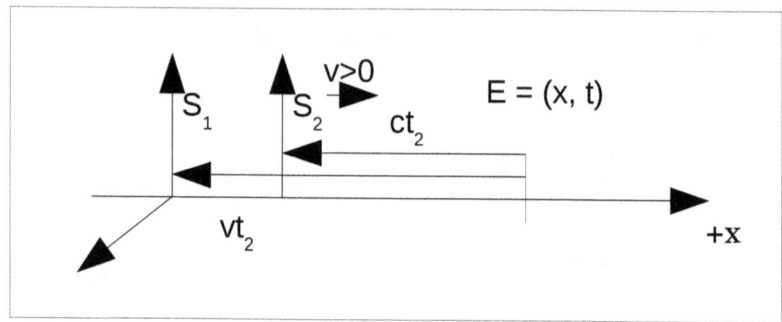

Fig. 4

Den ända skillnaden mellan Fig. 3 och Fig. 4 är att i stället för d har vi vt_2.

Vi har $E_1 = (x_1, t_1) = (x, x/c)$ och med hjälp av x_1 och t_1 beräknar vi $E_2 = (x_2, t_2)$. Här använder vi faktum att tiden det tar för ljussignalen att nå S_2 är densamma som tiden S_2 behöver för att avverka sträckan från punkten (0, 0) till punkten där den nås av ljussignalen.

Då har vi $x = ct_2 + vt_2 \rightarrow t_2 = x/(c+v)$.

$$E_2 = (x_2, t_2) = (x_1 c/(c+v),\ t_1 c/(c+v))$$

Tillbaka till Newton

Så både x- och t-koordinat beräknas med hjälp av samma **faktor c/(c+v)**.

I exemplet ovan har vi placerat händelsen E **framför** S_1/S_2, om man tänker på riktningen i vilken S_2 rör sig.

Nu placerar vi händelsen **bakom** S_1/S_2, se Fig. 5. I detta tankeexperiment är x-koordinaterna x, x_1 och x_2 negativa. t-koordinater t, t_1, t_2 är positiva, alltid.

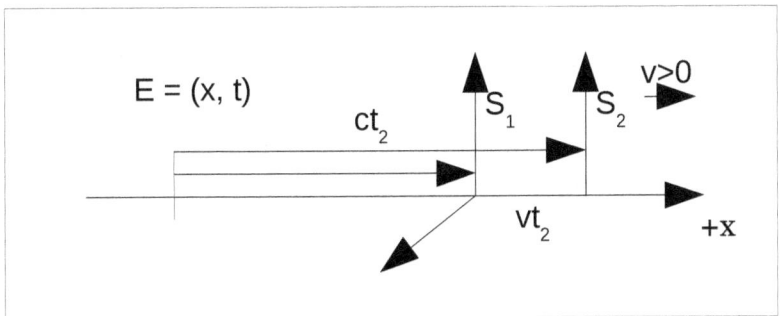

Fig. 5

Vi har $E_1 = (x_1, t_1) = (x, -x/c)$ och med hjälp av x_1 och t_1 beräknar vi $E_2 = (x_2, t_2)$. Här använder vi faktum att tiden det tar för ljussignalen att nå S_2 är densamma som tiden S_2 behöver för att avverka sträckan från punkten (0, 0) till punkten där den nås av ljussignalen.

Tillbaka till Newton

Denna gång har vi

$$-x = ct_2 - vt_2 \rightarrow t_2 = -x/(c-v).$$

$$E_2 = (x_2, t_2) = (x_1 c/(c-v),\ t_1 c/(c-v)\ )$$

Så både x- och t-koordinat beräknas med hjälp av samma **faktor c/(c-v)**.

Vi ser att transformationsfaktorn är inte densamma i de två fall, Fig. 4 och Fig. 5, transformationen är beroende av var någonstans händelsen inträffar!

Vi sammanfattar dessa två tankeexperiment med att visa att transformationsfaktorn mellan två inertiala referenssystem är inte densamma över hela +x-axeln.

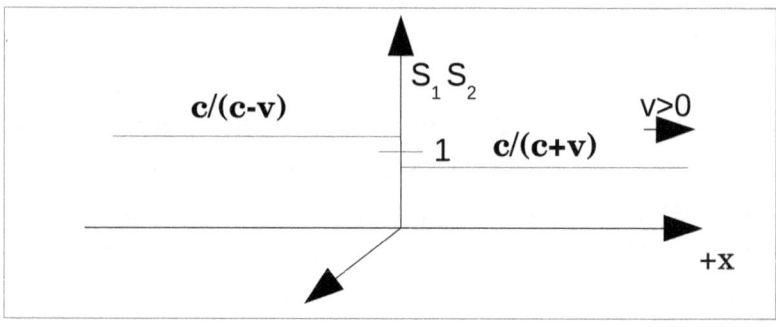

Fig. 6

Tillbaka till Newton

Vi behöver inga Lorentztransformationer, vi klarar oss med klassisk fysik!

Vi har sett också, att antingen de två referenssystem är i vila eller i rörelse gentemot varandra, gäller samma transformationer för att gå över från koordinater från det ena systemet till det andra.

Denna slutsats är min starkaste argument mot den speciella relativitetsteorin.

Ovan två experiment, Fig. 4 och Fig.5, och dess slutsats bör utgöra en tankeställare för varje forskare som jobbar med den speciella relativitetsteorin.

Detta gjorde att jag drog slutsatsen att den speciella relativitetsteorin innehåller felaktigheter och att den därmed är felaktigt i sin helhet!

I följande kapitlen i denna bok gör jag analys av olika delar av den speciella relativitetsteorin. Analysen visar felaktigheter i hur man tolkar ljusets fortplantning, hur man härleder Lorentztransformationer.

Det handlar om grundläggande fysik och matematik!

Tillbaka till Newton

Analys av tidsdilatation

I en del av litteraturen, [1], [6], [8], som behandlar den speciella relativitetsteorin, förklarar man tidsdilatation på följande sätt och man använder sig av samma tankeexperiment för att härleda Lorentzfaktorn.

Man har som tankeexperiment ett rymdskepp i vilket en ljusstråle utgår från golvet, reflekteras i taket och kommer tillbaka till golvet. Vi illustrerar två fall.

Första fallet är när rymdskepp är stillastående, Fig. 7.
Avstånd från golvet till taket är L.
Då är tiden för att ljuset ska avverka sträckan golvet-taket-golvet

$$t_0 = 2L/c$$

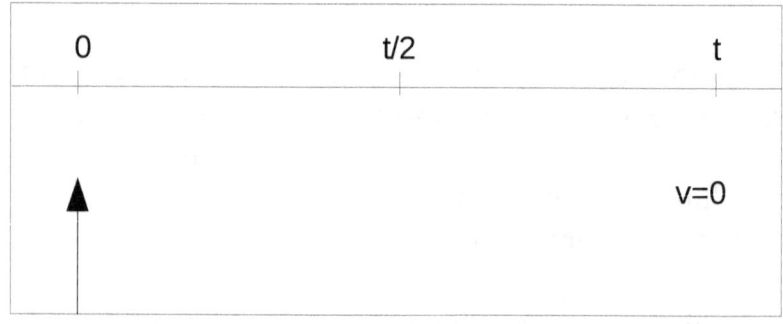

Fig. 7

I det andra fallet rör sig rymdskeppet med konstant hastighet $v > 0$ åt höger, Fig. 8.

Man betraktar triangel med angivna sidor och beräknar därifrån t.

$$t = 2L/(c^2-v^2)^{1/2}$$

Man ersätter 2L med $t_0 c$ och får

$$t = t_0 c/(c^2-v^2)^{1/2} = t_0 \gamma \text{ där } \gamma \text{ är Lorentzfaktorn.}$$

Detta säger den speciella relativitetsteori.

Här anser jag att Fig. 8 är den mest absurda, verklighetslösa, förklaringen av ett fysikaliskt fenomen jag har sett hittills!

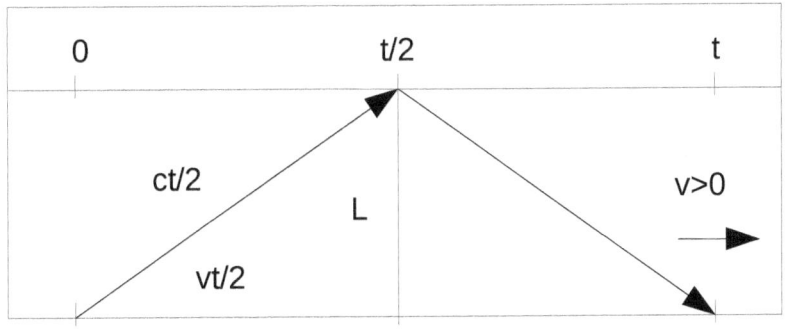

Fig. 8

Tillbaka till Newton

Min förklaring:
En ljusstråle rör sig med konstant hastighet c och med samma riktning oavsett hur ljuskällan rör sig.

Tänk dig en stillastående plattform i vakuum, i rymden. En ljusstråle lämnar plattformen och kommer att röra sig med samma riktning. Se Fig. 9.

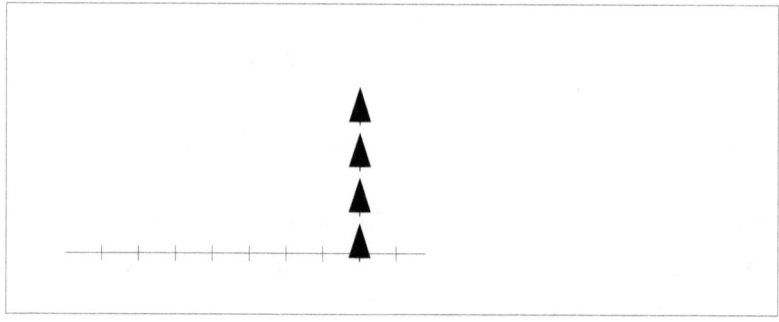

Fig. 9

Tänk dig nu samma plattform i vakuum, i rymden, Fig. 10, som rör sig med hastighet $v > 0$ åt höger. En ljusstråle lämnar plattformen och kommer att röra sig med samma riktning .

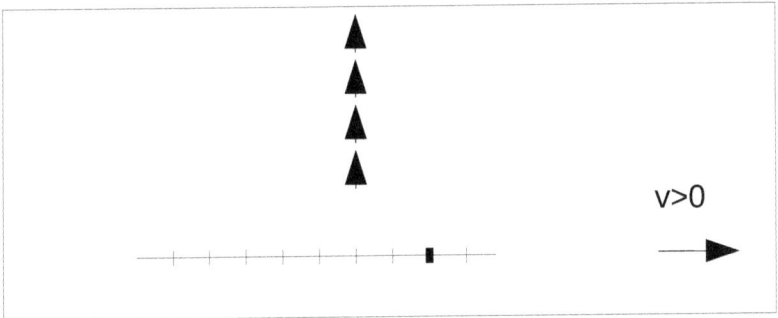

Fig. 10

Vi illustrerar resonemanget att en ljussignal som lämnar golvet, reflekterar sig i taket och når golvet igen, rör sig med samma riktning.
Vi kommer att, i samma bild, Fig.11, visa flera mellanlägen så att man på ett enkelt sätt ser hur ljussignalen och "rymdskeppet" rör sig.

Vi har ett "rymdskepp" som rör sig med konstant hastighet v = 30 km/s åt höger. Vi tänker oss en ljussignal som lämnar golvet, reflekterar sig i taket och når golvet igen. Under denna tid förflyttar sig skeppet med ett avstånd $d = 2x$.

Tillbaka till Newton

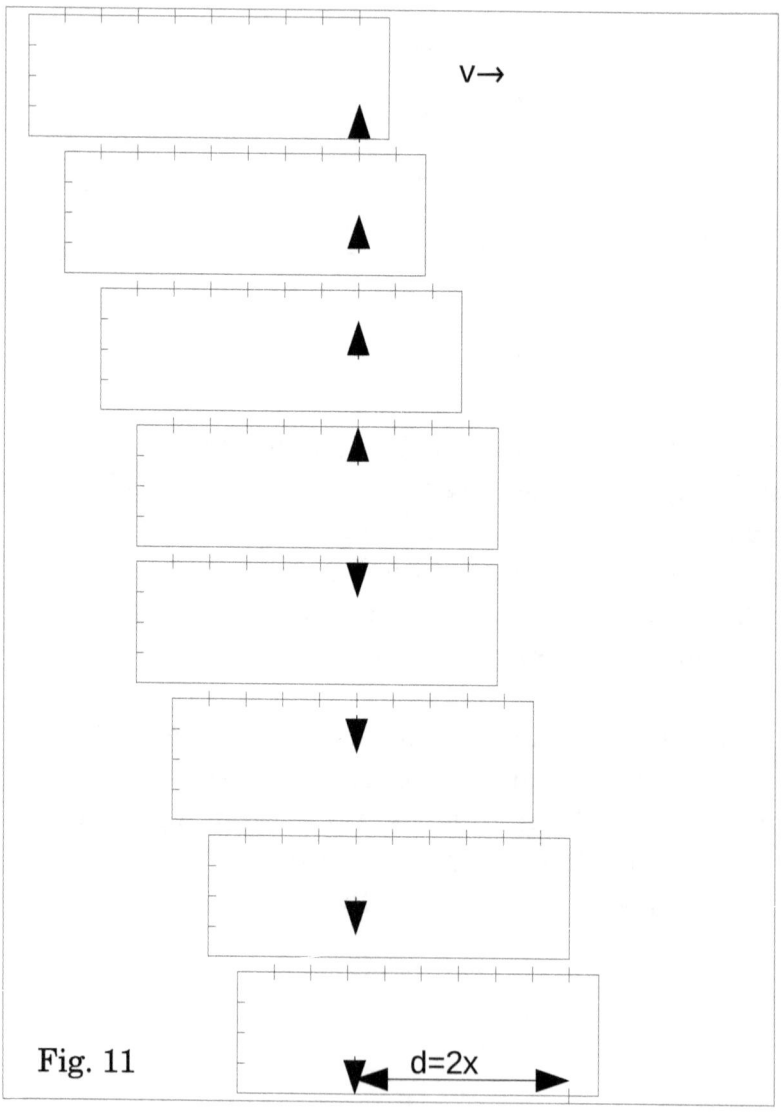

Fig. 11

Betrakta noga denna bild! En ljussignal utgår från golvet, reflekterar sig i taket och hamnar i ett annat punkt på golvet, **bakom** punken därifrån den utgick om man tänker på rörelsens riktning.

Ljuset fortplantar sig inte i sicksack.

Avstånd mellan de två punkter berättar *endast* om hur långt skeppet förflyttade sig under samma tid som ljussignalen avverkade sträckan 2L. Vi betecknar detta avstånd med $d = 2x$.

Vi sammanfattar detta: Tiden under vilken ljussignalen avverkar sträckan $2L$ är densamma som rymdskeppet behöver för att avverka sträckan $2x$.

$$t = 2L/c = 2x/v \rightarrow x = Lv/c$$

Exempel 1: L = 10 m, v = 30 km/s, c = 300 000 km/s

$$x = 10*30/300000 \text{ m} = 1/1000 \text{ m} = 1 \text{ mm}$$

Detta innebär att man skulle kunna bygga en apparat som skulle mäta Jordens hastighet i rymden, runt Solen, runt galaxens centrum.

$$v = xc/L$$

Tillbaka till Newton

Denna apparat skulle funka som ett elektromagnetisk gyroskop, ett *ljusgyroskop*.

Observera att tiden under vilken ljussignalen avverkar sträckan 2L är densamma, antingen systemet är i vila eller om det rör sig med konstant hastighet $v > 0$!

Då har vi ingen tidsdilatation!

Nedan följer sex olika beräkningar som visar att härledning av Lorentztransformationer är felaktig.

När vi studerar fysikaliska fenomen, gör vi alltid en matematisk modell av dem. I en sådan modell finns det inbyggda gällande fysikaliska lagar som hölls ihop av matematiska verktyg. Om beskrivningen av det fysikaliska fenomenet är korrekt, är den matematiska modellen felfri!

Den speciella relativitetsteorin behandlar sambandet mellan två inertiala referenssystem, S och S', som rör sig gentemot varandra med konstant hastighet $v > 0$. Varje händelse i dessa referenssystem bestäms av fyra koordinater, tre för rum och en för tid. För att bestämma händelsens koordinater i ett av referenssystem med hjälp av händelsens koordinater i

Tillbaka till Newton

det andra använder man Lorentztransformationer:

$E = (x, y, z, t)$, en händelse i S
$E' = (x', y', z', t')$, en händelse i S'

För att underlätta förståelsen av beräkningarna brukar man sätta $y = y'$ och $z = z'$. Då blir Lorentztransformationer:

$$x' = (x - vt)\gamma \qquad (LT_1)$$
$$t' = (t - vx/c^2)\gamma \qquad (LT_2)$$

där $\gamma = 1/(1 - v^2/c^2)^{1/2}$ kallas Lorentzfaktorn.

Härledning av Lorentztransformationer 1

I den speciella relativitetsteorin använder man sig av Lorentztransformationer för att beräkna händelsernas koordinater i ett referenssystem med hjälp av koordinater i ett annat referenssystem som rör sig gentemot varandra med konstant hastighet, $v > 0$.

Vi följer resonemanget och beräkningarna från *[7], sida 14-15*. Här använder man följande:

(2-3) $x' = u't'$ och $x = ut$

Tillbaka till Newton

(2-4) $x' = Ax+Bt, \quad t' = Cx+Dt$

Man säger att mellan (x,t) och (x', t') måste det finnas en linjär transformation. Detta i sin tur innebär att A, B, C, D är konstanter.
För att bestämma ovan fyra konstanter, använder man sig av tre specialfall.

c1) Objektet i vilket händelse E uppstår är i S_2's origo.
$E_2 = (x_2, t_2) = (0, t)$
c2) Objektet i vilket händelse E uppstår är i S_1's origo.
$E_1 = (x_1, t_1) = (0, t)$
c3) Man likställer objektet i vilket händelse E uppstår med en ljusstråle.

Vi följer beräkningarna:

c1) $x' = 0, x = vt$
Ersätter dessa i (2-4) och får:

$0 = Avt+Bt$ och $t' = Cvt+Dt$ →
B = -Av och t' = Cvt+Dt

c2) $x = 0, x' = -vt'$
Ersätter dessa i (2-4) och får:

$-vt' = Bt$ och $t' = Dt$

Tillbaka till Newton

Dividerar dessa två ekvationer och får

$B = -Dv \rightarrow D = A$

Mitt tillägg:

Men $t' = Cvt+Dt$ från c1 och $t' = Dt$ från c2 $\rightarrow$

$Cvt+Dt = Dt \rightarrow Cvt = 0 \rightarrow C = 0$

Då blir

(2-4) $x' = Ax-Avt$ och $t' = At$ eller

$x' = A(x-vt)$ och $t' = At$

Nu använder vi
c3) $x' = ct'$ och $x = ct$
Vi ersätter dessa i $x' = A(x-vt)$ och får

$ct' = A(ct-vt)$ och $t' = At$

Härifrån får vi:

$ct = ct-vt \rightarrow vt = 0$

Om $t = 0$ då är S1, S2 i samma punkt, inget rör sig.

$\rightarrow v = 0$

Man får motsägelse med ursprungsvillkor.

Tillbaka till Newton

Härledning av Lorentztransformationer 2

Denna härledning finns i *[7], sida 14-15*.

Härledningen av Lorentztransformationer görs med antagandet att dessa transformationer måste vara linjära:

$x' = Ax + Bt$
$y' = Cx + Dt$, där A, B, C och D är konstanter.

För att lösa detta ekvationssystem använder man tre specialfall:
c1) $x' = 0$, $x = vt$
c2) $x = 0$, $x' = -vt'$
c3) $x = ct$ och $x' = ct'$, där c är ljusets hastighet

och till slut kommer man till Lorentztransformationer

$x' = (x - vt)\gamma$ (LT$_1$)
$t' = (t - vx/c^2)\gamma$ (LT$_2$)

där $\gamma = 1/(1 - v^2/c^2)^{1/2}$ kallas Lorentzfaktorn.

Men om Lorentztransformationer LT$_1$, LT$_2$ har framställts med hjälp av c1, c2 och c3 bör dessa tre specialfall verifiera Lorentztransformationer LT$_1$, LT$_2$

utan att man får matematisk motsägelse.

Min bevisföring:
Från c1 och LT_1 → $0 = (vt - vt)\gamma$ → $0 = 0$, OK
Från c1 och LT_2 → $t' = (t - v(vt)/c^2)\gamma$ → $t' = t(1-v^2/c^2)\gamma$

Från c2 och LT_1 → $-vt' = (0-vt)\gamma$ → $-vt' = -vt\gamma$ → $t' = t\gamma$
Från c2 och LT_2 → $t' = (t-v0/c^2)\gamma$ → $t' = t\gamma$, samma resultat

Men resultatet från c1 och LT_2 är $t' = t(1-v^2/c^2)\gamma$
och resultatet från c2 och LT_2 är $t' = t\gamma$

→ $1-v^2/c^2 = 1$ → $v = 0$

Detta resultat, $v = 0$, är i motsägelse med teorins antagande att de två referenssystem rör sig gentemot varandra med konstant hastighet $v > 0$!

Detta visar att den speciella relativitetsteori innehåller felaktigheter.

Tillbaka till Newton

Härledning av Lorentztransformationer 3

Nedan följer vi *[3], sida 125; Appendix;*
En enkel härledning av Lorentztransformationen

I hans framställning av den speciella relativitetsteorin kommer Einstein till slut till Lorentztransformationer:

$$x' = (x - vt)\gamma \qquad (LT_1)$$
$$t' = (t - vx/c^2)\gamma \qquad (LT_2)$$

där $\gamma = 1/(1 - v^2/c^2)^{1/2}$ kallas Lorentzfaktorn.

Jag kommer att citera Einstein och analysera det han påstår:

Einstein:
"En ljussignal som löper längs den positiva x-axeln fortplantas enligt ekvationen

$$x = ct \text{ eller } x\text{-}ct = 0 \text{ "} \qquad (1)$$

Uttrycket "längs den positiva x-axeln" innebär att ekvationer (1) gäller för x >= 0.
Liknande gäller det andra koordinatsystem.

- 34 -

Tillbaka till Newton

$$x' = ct' \text{ eller } x'-ct' = 0 \qquad (2)$$

Ekvationer (2) gäller för x' >= 0.

Einstein:
"De punkter i rumtiden (händelser) som uppfyller (1) måste också uppfylla (2). Detta är uppenbarligen fallet om vi allmänt har relationen

$$(x'-ct') = \lambda(x-ct) \qquad (3)$$

där λ är en konstant. Ty enligt (3) blir x'-ct' lika med noll om x-ct är lika med noll."

Einstein:
"En analog betraktelse av en ljusstråle som fortplantas längs den negativa x-axeln ger villkoret

$$(x'+ct') = \mu(x+ct)" \qquad (4)$$

Denna delen gäller för x <= 0 och x' <= 0.

Ekvationen (3) gäller för **x >= 0** och för **x' >= 0**.
Ekvationen (4) gäller för **x <= 0** och för **x' <= 0**.

Einstein:
"Om man nu adderar respektive subtraherar ekvationerna (3) och (4) erhåller man:

Tillbaka till Newton

$x' = ax-bct$
$ct' = act-bx"$
och så vidare...
Vidare behöver vi inte analysera Einsteins härledning av Lorentztransformationer.

Här gör Einstein ett grundläggande matematiskt fel: man adderar och subtraherar ekvationer som gäller i helt skilda giltighetsområden.

Jag åberopar *[10], sida 32:*
"Om f och g är funktioner, då för varje x som tillhör **giltighetsområden** för både f och g, definierar vi funktioner f + g ..."

*Vi kan göra operationer på funktioner **endast** i deras gemensamma giltighetsområden.*
Ovan områden, ekvationer (3) och (4), har en enda punkt gemensamt:

$x = 0, x' = 0.$

Men då från (1) → t = 0 och från (2) → t' = 0 och då har vi det triviala exemplet när båda koordinatsystem befinner sig i samma punkt!
Då kan vi inte prata om två referenssystem som rör sig med konstant hastighet v > 0 gentemot varandra!

Tillbaka till Newton

Då behövs inte några transformationer för att gå från det ena till det andra! De är identiska. Då behövs ingen teori som behandlar relationen mellan dessa två koordinatsystem!

Härledning av Lorentztransformationer 4

Nedan följer vi *[3], sida 125; Appendix; En enkel härledning av Lorentztransformationen*

I hans framställning av den speciella relativitetsteorin kommer Einstein till slut till Lorentztransformationer:

$$x' = (x - vt)\gamma \qquad (LT_1)$$
$$t' = (t - vx/c^2)\gamma \qquad (LT_2)$$

där $\gamma = 1/(1 - v^2/c^2)^{1/2}$ kallas Lorentzfaktorn.

Jag citerar Einstein och analyser det han påstår:
Einstein:
"En ljussignal som löper längs den positiva x-axeln fortplantas enligt ekvationen"

$$x = ct \text{ eller } x\text{-}ct = 0 \qquad (1)$$

Liknande gäller det andra koordinatsystemet.

$$x' = ct' \text{ eller } x'\text{-}ct' = 0 \qquad (2)$$

Einstein:
"De punkter i rumtiden (händelser) som uppfyller (1) måste också uppfylla (2). Detta är uppenbarligen fallet om vi allmänt har relationen

$$(x'\text{-}ct') = \lambda(x\text{-}ct) \qquad (3)$$

där λ är en konstant, ty enligt (3) blir x'-ct' lika med noll om x-ct är lika med noll".

Här måste man ange att

$$\lambda \mathrel{!}= 0 \qquad (3.1)$$

För om $\lambda = 0$ kan man INTE säga att "x'-ct' blir lika med noll om x-ct är lika med noll".
För om $\lambda = 0$ då blir x'-ct' = 0 även om x-ct != 0.

Einstein:
"En analog betraktelse av en ljusstråle som fortplantas längs den negativa x-axeln ger villkoret":

$$(x'+ct') = \mu(x+ct) \qquad (4)$$

Även här måste man ange att

Tillbaka till Newton

$\mu \mathrel{!}= 0$ (4.1)

Nedan använder jag A, B i stället för a, b:

Einstein:
"Om man nu adderar respektive subtraherar ekvationerna (3) och (4) erhåller man:

$x' = Ax - Bct$ (5.1)
$ct' = Act - Bx$ (5.2)

där vi för bekvämlighetens skull infört $A = (\lambda+\mu)/2$ och $B = (\lambda-\mu)/2$.

Nu skulle vår uppgift vara löst om vi kände konstanterna A och B. Vi finner de genom följande överväganden:"

Vidare använder Einstein följande tre villkor:

c1) $x' = 0$
c2) $t = 0$
c3) $t' = 0$

Från c1) och (5.1) $\to x = ctB/A$
Från c3) och (5.2) $\to x = ctA/B$
$\to B/A = A/B \to A \mathrel{!}= 0$ och $B \mathrel{!}= 0$ och $A^2 = B^2$
$\to ((\lambda+\mu)/2)^2 = ((\lambda-\mu)/2)^2 \to (\lambda+\mu) = +-(\lambda-\mu)$
$\to \lambda+\mu = \lambda-\mu \to 2\mu = 0 \to \mu = 0$ motsäger (3.1) eller

$\rightarrow \lambda+\mu = -\lambda+\mu \rightarrow 2\lambda = 0 \rightarrow \lambda = 0$ motsäger (4.1)
Detta innebär att härledningen av
Lorentztransformationer är felaktig!

Härledning av Lorentztransformationer 5

Nedan följer vi *[3]*, *sida 125; Appendix; En enkel härledning av Lorentztransformationen*

I hans framställning av den speciella relativitetsteorin kommer Einstein till slut till Lorentztransformationer:

$x' = (x - vt)\gamma$ (LT$_1$)
$t' = (t - vx/c^2)\gamma$ (LT$_2$)

där $\gamma = 1/(1 - v^2/c^2)^{1/2}$ kallas Lorentzfaktorn, c är ljusets hastighet.
Denna faktor är: $\gamma > 1$ (v > 0), $\gamma < +\infty$ (v < c).

Einstein:
"En ljussignal som löper längs den positiva x-axeln fortplantas enligt ekvationen"

       $x = ct$ eller $x-ct = 0$ (1)

Tillbaka till Newton

Liknande gäller det andra koordinatsystemet.

$$x' = ct' \text{ eller } x'-ct' = 0 \qquad (2)$$

Einstein:
"De punkter i rumtiden (händelser) som uppfyller (1) måste också uppfylla (2). Detta är uppenbarligen fallet om vi allmänt har relationen

$$(x'-ct') = \lambda(x-ct) \qquad (3)$$

där λ är en konstant, ty enligt (3) blir $x'-ct'$ lika med noll om $x-ct$ är lika med noll".

Einstein:
"En analog betraktelse av en ljusstråle som fortplantas längs den negativa x-axeln ger villkoret":

$$(x'+ct') = \mu(x+ct) \qquad (4)$$

Einstein:
"Om man nu adderar respektive subtraherar ekvationerna (3) och (4) erhåller man:

$$x' = Ax - Bct \qquad (5.1)$$
$$ct' = Act - Bx \qquad (5.2)$$

där vi för bekvämlighetens skull infört

Tillbaka till Newton

$A = (\lambda+\mu)/2$ och $B = (\lambda-\mu)/2$.
Nu skulle vår uppgift vara löst om vi kände konstanterna A och B. Vi finner de genom följande överväganden:"

Vidare använder Einstein följande tre villkor:
c1) $x' = 0$
c2) $t = 0$
c3) $t' = 0$

Matematisk prövning:
LT_1, c1 → $x' = 0$, $x = vt$
LT_2, c1 → $x' = 0$, $t' = (t-vx/c^2)\gamma$

LT_1, c2 → $t = 0$, $x' = x\gamma$
LT_2, c2 → $t = 0$, $t' = -vx\gamma/c^2$

LT_1, c3 → $t' = 0$, $x' = (x-vt)\gamma$
LT_2, c3 → $t' = 0$, $t = vx/c^2$

Alla dessa resultat ska verifiera LT_1 och LT_1 för villkor c1, c2 och c3 användes alla i framställningen av LT_1 och LT_1.

Vi tar LT_1, c1 och LT_2, c3:
$x = vt$ och $t = vx/c^2$ → $x = vvx/c^2$ → $1 = v^2/c^2$ → $v^2 = c^2$
→ $v = +-$ c!

Tillbaka till Newton

Detta innebär att härledningen av Lorentztransformationer är felaktig!

Härledning av Lorentztransformationer 6

Nedan följer vi *[3], sida 125; Appendix; En enkel härledning av Lorentztransformationen*

I hans framställning av den speciella relativitetsteorin kommer Einstein till slut till Lorentztransformationer:

$$x' = (x - vt)\gamma \qquad (LT_1)$$
$$t' = (t - vx/c^2)\gamma \qquad (LT_2)$$

där $\gamma = 1/(1 - v^2/c^2)^{1/2}$ kallas Lorentzfaktorn, c är ljusets hastighet.
Denna faktor är: $\gamma > 1$ $(v > 0)$, $\gamma < +\infty$ $(v < c)$.

Einstein:
"En ljussignal som löper längs den positiva x-axeln fortplantas enligt ekvationen"

$$x = ct \text{ eller } x\text{-}ct = 0 \qquad (1)$$

Liknande gäller det andra koordinatsystemet.

$$x' = ct' \text{ eller } x'-ct' = 0 \qquad (2)$$

Einstein:
"De punkter i rumtiden (händelser) som uppfyller (1) måste också uppfylla (2). Detta är uppenbarligen fallet om vi allmänt har relationen

$$(x'-ct') = \lambda(x-ct) \qquad (3)$$

där λ är en konstant, ty enligt (3) blir $x'-ct'$ lika med noll om $x-ct$ är lika med noll".
Här bör man specificera att $\lambda \mathrel{!}= 0$.

Einstein:
"En analog betraktelse av en ljusstråle som fortplantas längs den negativa x-axeln ger villkoret":

$$(x'+ct') = \mu(x+ct) \qquad (4)$$

Här bör man specificera att $\mu \mathrel{!}= 0$.

Einstein:
"Om man nu adderar respektive subtraherar ekvationerna (3) och (4) erhåller man:

$$x' = Ax-Bct \qquad (e1)$$

Tillbaka till Newton

$ct' = -Bx + Act$ (e2)

där vi för bekvämlighetens skull infört

$A = (\lambda+\mu)/2$ och $B = (\lambda-\mu)/2$.

Nu skulle vår uppgift vara löst om vi kände konstanterna A och B. Vi finner de genom följande överväganden:"

Vidare använder Einstein följande tre villkor:
c1) $x' = 0$
c2) $t = 0$
c3) $t' = 0$

Matematisk prövning:
e1, c1 → $0 = Ax - Bct$ → $Ax = Bct$ → $x = (B/A)*ct$
e2, c1 → $ct' = -Bx + Act$
e1, c2 → $x' = Ax$
e2, c2 → $ct' = -Bx$
e1, c3 → $x' = Ax - Bct$
e2, c3 → $0 = -Bx + Act$ → $Bx = Act$ → $x = (A/B)*ct$

Vi har fått:

r1) $x = (B/A)*ct$
r2) $ct' = -Bx + Act$
r3) $x' = Ax$

- 45 -

r4) ct' = -Bx
r5) x' = Ax-Bct
r6) x = (A/B)*ct

Vi kombinerar och får:
r1, r6 → A/B = B/A → A != 0 och B != 0
r3, r5 → Ax = Ax -Bct → -Bct = 0 → Bt = 0 → t = 0
r2, r4 → -Bx = -Bx + Act → Act = 0 → At = 0→ t = 0
→ x = 0, t = 0, x' = 0, t' = 0

Då har vi det triviala fall, när båda koordinatsystem befinner sig i samma punkt! Och då behövs det ingen transformation av koordinater från S
till S', då behövs det inte någon teori för detta!

Tillbaka till Newton

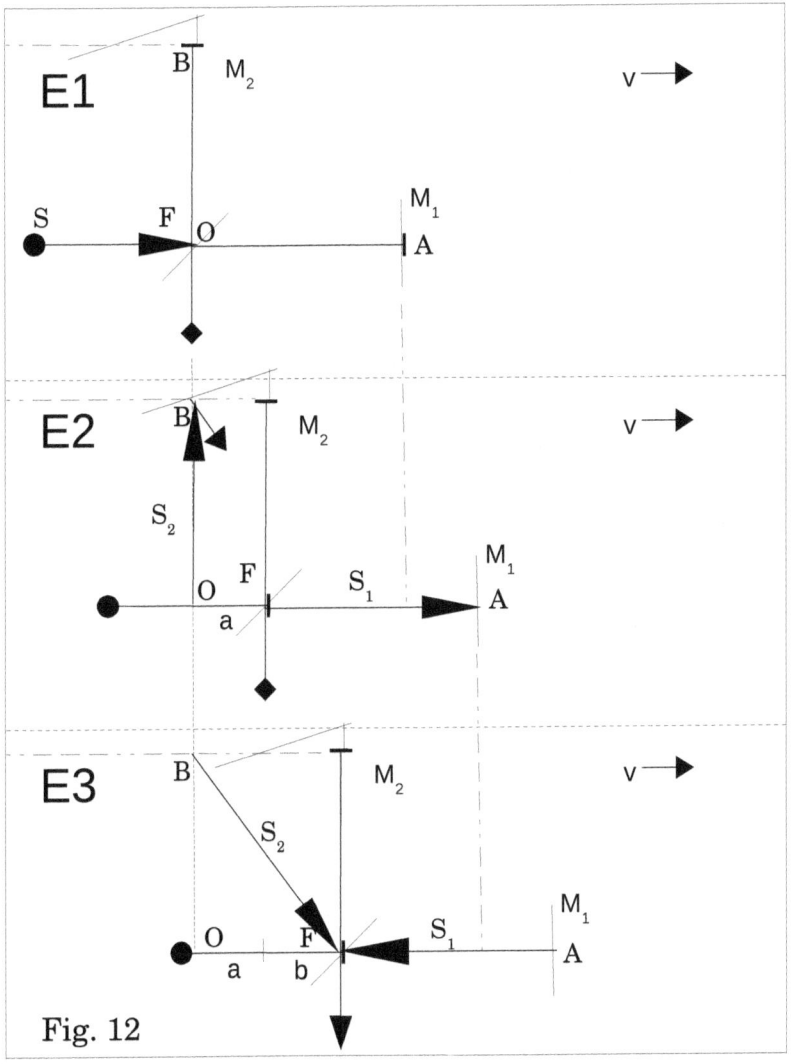

Fig. 12

Tillbaka till Newton

Michelson-Morley experiment, 1887

E1: Michelson-interferometer
Interferometerns armar FA = FB = L.
Från S skickas en ljusstråle som delas i två i F. S_1 fortsätter rakt fram mot A. S_2 går mot B.

E2:
När S_1 når A, reflekteras den, och går tillbaka mot F.
När S_2 når B, reflekteras den, och går "tillbaka" mot F.

Under tiden S_1 går mot A och når denna punkt hinner hela systemet förflytta sig med a. Då avverkade S_1 sträckan $L + a$. S_2 avverkade sträckan L.
Obs! S_1 och S_2 reflekteras inte samtidigt!

E3:
Under tiden den reflekterade S_1 går mot F och når denna punkt, rör sig hela systemet med b. Då avverkade S_1 sträckan $L - b$. S_2 avverkade sträckan $BF = (OB^2 + OF^2)^{1/2}$.

Vi beräknar nu längden på sträckor S_1 och S_2.

$$\text{Längd}(S_1) = L + a + L - b.$$
$$\text{Längd}(S_2) = L + (L^2 + (a+b)^2)^{1/2}.$$

Tillbaka till Newton

$a = Lv/(c-v)$

$b = Lv/(c+v)$

$a+b = 2Lcv/(c^2-v^2)$

Längd (S1) = 2L + a - b = $2Lc^2/(c^2-v^2)$
Längd (S$_2$) = $L + (L^2 + (a+b)^2)^{1/2}$ = $2Lc^2/(c^2-v^2)$

Längden de två ljusstrålar passerar är densamma!

Detta innebär att Michelson-interferometer INTE kunde upptäcka om det finns någon eter!

Detta experiment har använts som argument vid byggandet av den speciella relativitetsteorin. Men som vi ser nu baseras experimentet på felaktiga förutsättningar för hur ljuset förflyttar sig.

Det var ingen mening att bygga en sådan interferometer. Det var bortkastade pengar! Man kunde ha förstått från början att resultatet blir NOLL!

Vi tittar på det andra fallet, Fig. 13, när interferometern vänds med 90° motsols. Vi gör liknade beräkning av sträckor de två ljussignaler avverkar som vi gjorde i experimentet från Fig. 12.

Tillbaka till Newton

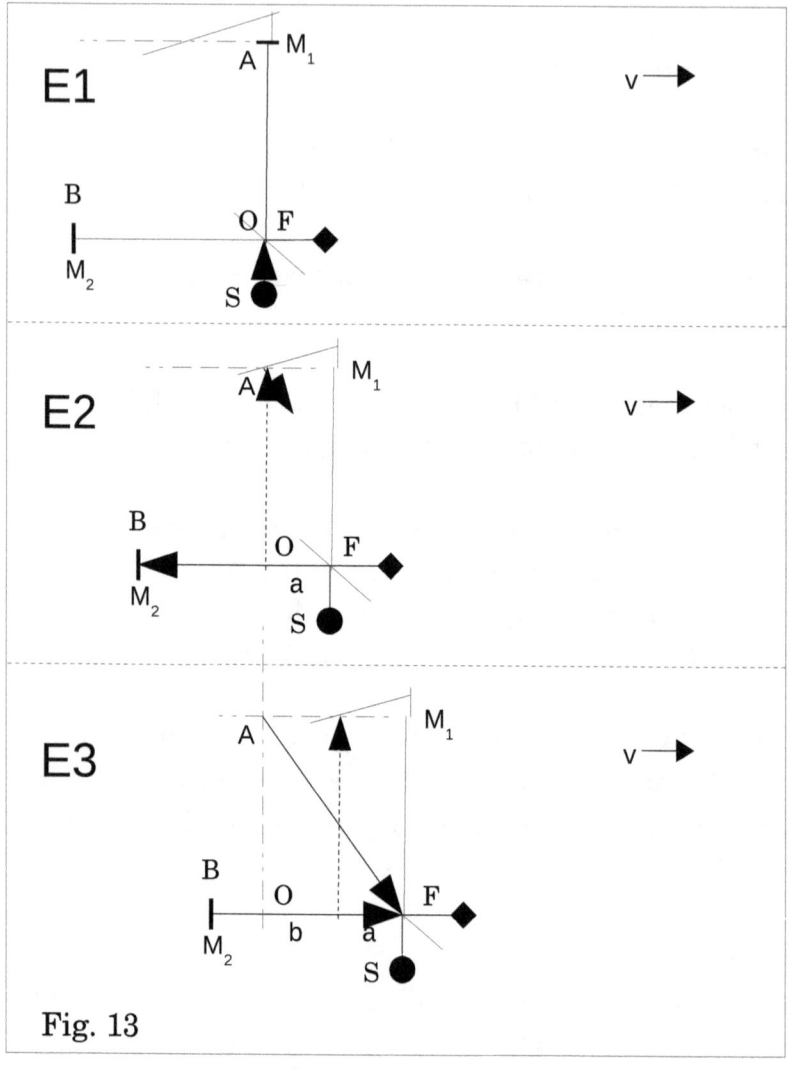

Fig. 13

Tillbaka till Newton

E1:
Interferometerns armar $FA = FB = L$.
Från S skickas en ljusstråle som delas i två i F. S_1 fortsätter rakt fram mot A. S_2 går mot B.

E2:
När S_1 når A, reflekteras den, och går "tillbaka" mot F.
När S_2 når B, reflekteras den, och går tillbaka mot F.

Under tiden S_2 går mot B och når denna punkt hinner hela systemet förflytta sig med a. Då avverkade S_2 sträckan $L - a$. S_1 avverkade sträckan L.
Obs! S_1 och S_2 reflekteras inte samtidigt!

E3:
Under tiden den reflekterade S_2 går mot F och når denna punkt, rör sig hela systemet med b. Då avverkade S_2 sträckan $L + b$. S_1 avverkade sträckan $AF = (OA^2 + OF^2)^{1/2}$.

Vi beräknar nu längden på sträckor S_1 och S_2.

$$\text{Längd}(S_1) = L + (L^2 + (a+b)^2)^{1/2}.$$
$$\text{Längd}(S_2) = L + a + L - b.$$

$$a = Lv/(c-v)$$
$$b = Lv/(c+v)$$

Tillbaka till Newton

$$a+b = 2Lcv/(c^2-v^2)$$

Längd (S1) = 2L + a - b = $2Lc^2/(c^2-v^2)$
Längd (S₂) = $L + (L^2 + (a+b)^2)^{1/2}$ = $2Lc^2/(c^2-v^2)$

Längden de två ljusstrålar passerar är densamma!

Oavsett hur man vrider interferometer kommer de två splittrade ljussignaler S1 och S2 att avverka lika långa sträckor.
Detta betyder att det kan INTE uppstå någon interferensmönster när de två ljussignaler återförenas.

Det är så uppenbart varför Michelson-Morley experiment från 1887 har get så kallad negativ resultat.

Jag förstår inte hur detta kunde ske! Efter detta experiment sade man att ljusbärande eter inte finns, Einstein har använt detta experiment för att utveckla den speciella relativitetsteori och Albert Abraham Michelson fick Nobelpriset i fysik 1907!

Avslut

I denna skrivelse har vi analyserat följande:

1) Experiment med två referenssystem, S_1 och S_2, stillastående gentemot varandra, och ett objekt i S_1 i vilket uppstår händelser.

2) Experiment med två referenssystem, S_1 och S_2, som rör sig med konstant hastighet $v > 0$ gentemot varandra, och ett objekt i S_1 i vilket uppstår händelser.

Vi visar att det råder samma koordinattransformation antingen de två referenssystem, S_1 och S_2, är stillastående gentemot varandra eller om de rör sig med konstant hastighet $v > 0$ gentemot varandra.

3) Tidsdilatation i *[1], [6] och [8]*.

Vi visar hur fullständigt felaktigt man resonerar om ljusets fortplantning och att 'tidsklockan' funkar på samma sätt i två referenssystem, S_1 och S_2, som rör sig med konstant hastighet $v > 0$ gentemot varandra. Därmed visar vi att det uppstår ingen tidsdilatation i någon av de två referenssystem!

Tillbaka till Newton

4) Härledning av Lorentztransformationer i *[7]*.

Vi visar här att beräkningarna är ofullständiga och att man kommer till motsägelse med ursprungsvillkor som gör att denna härledning är felaktig!

5) Härledning av Lorentztransformationer i *[3]*.

Vi visar hur denna härledning baseras på felaktiga matematiska antaganden och att man kommer till motsägelse med ursprungsvillkor som gör att även denna härledning är felaktig!

6) Michelson-Morley experimentet, 1887

Vi visar att experimentet var dömt att misslyckas från början, att Michelson interferometern kunde inte påvisa Jordens rörelse runt Solen!

Tillbaka till Newton

Denna analys av den speciella relativitetsteorin påvisar för många felaktigheter, för många feltolkningar!

Utifrån detta bör man dra slutsatsen att den speciella relativitetsteorin är felaktig från grunden, i sin helhet!

Jag är tacksam om läsaren kommer med synpunkter på min e-postadress: jan.slowak@gmail.com

Ange ämnet: Tillbaka till Newton.